Impressum:

Copyright © 2007 GRIN Verlag, Open Publishing GmbH
Druck und Bindung: Books on Demand GmbH, Norderstedt Germany
ISBN: 9783640542598

Dieses Buch bei GRIN:

http://www.grin.com/de/e-book/143058/fernwirkungen-des-el-nino-und-seine-his-
torischen-aspekte

Paulina Holbreich

Fernwirkungen des El Nino und seine historischen Aspekte

GRIN Verlag

Universität Hamburg

Institut für Geographie

Übung: Spezielle Probleme in der Klimatologie SS 2007

Hausarbeit zum Thema :

Fernwirkungen des El Nino

und

seine historischen Aspekte

1 Einleitung

Die El Nino-Forschung begann schon Mitte des 19. Jahrhunderts. Damals beschränkte sie sich jedoch nur auf regionale Auswirkungen. Die schweren Niederschläge, Zerstörungen ganzer Dörfer sowie die Reduktion des Fischreichtums im kalten, nährstoffreichen Humboldt-Strom an der Westküste Südamerikas wurden dokumentiert und Anfang des 20. Jahrhunderts durch die Anomalie der Walkerschen Southern Oscillation beschrieben. Erst etwas später kam in der Forschung der Begriff so genannter „teleconnections" auf, die die Fernwirkungen verschiedener Klimaanomalien (untereinander) beschreiben. Die deutschen Wissenschaftler Flohn und Fleen[1] verknüpften erstmals das ENSO (El Nino Southern Oscillation) Phänomen mit anderen Anomalien in verschiedenen Teilen der Erde. Sie korrelierten statistische Datenreihen über Dürren in Australien und das Ausbleiben des indischen Monsuns mit den Southern Oscillation Indizes. Ihre Untersuchungen ergaben eine zusammenhängende Kette von Telekonnektionen rund um den Äquator. So wurden Dürren in Indien, Süd-Ost Asien und Afrika gleich wie Überschwemmungen in Mittelamerika und Ostafrika mit El Nino in Verbindung gebracht. Genaue Beobachtungen und Messungen seit Mitte des 20. Jahrhunderts führten die Wissenschaft jedoch zu alternativen Sichtweisen dieser komplizierten Zusammenhänge. Das Konzept der Telekonnektionen des El Nino soll in der vorliegenden Arbeit genauer betrachtet und der aktuelle Forschungstand aufzeigt werden. Dabei liegt der Schwerpunkt auf der Nord-Atlantischen Oszillation, die auf das Wettergeschehen in Europa den größten Einfluss gelegt. Im letzten Abschnitt dieser Arbeit wird El Nino von dem historischen Standpunkt aus betrachtet. Dabei basieren die Ausführungen auf der Sichtweise des amerikanischen Geographen *Cesar Caviedes*, der in seinem Buch „*El Nino. Klima macht Geschichte*"[2] historische Ereignisse des Phänomens El Nino darlegt.

---

[1] *Glantz*, Michael H.: Impacts of El Nino and La Nina on Climate and Society: S. 134

[2] *Caviedes*, Cesar N. : "El Nino" Klima macht Geschichte"

2 Grundlagen

Um die Zusammenhänge zwischen dem ENSO-Phänomen und seinen Fernwirkungen zu verstehen, wird zum Einstieg ein kurzer Überblick zu den wichtigsten Ursachen und Auswirkungen gegeben. Die ozeanischen Merkmale, im Allgemeinen als El Nino bezeichnet, sowie die klimatologischen Kennzeichen der Walkerschen Southern Oscillation bilden zusammen die als ENSO bezeichnete Wetteranomalie.

2.1 El Nino

Die ozeanischen Grundlagen der für El Nino relevanten Gebiete des Pazifiks bilden die dort vorherrschenden Meeresströmungen. Es ist zunächst der kalte Humboldt Strom, der von Süden nach Norden entlang der chilenischen und peruanischen Küste Süd-Amerikas fließt und am Äquator sich in den Süd-Äquatorialstrom verwandelt.[3] Die Sea Surface temperature (SST) steigen von 18°-22°C an der peruanischen Küste auf 25°-29°C an der Nord-Australischen und philippinischen Küste kontinuierlich an. Die als Thermokline[4] bezeichnete obere Wasserschicht reicht von 40m (Osten) bis 120m (Westen).[5] Die oben beschriebenen Verhältnisse bilden die Situation in den normalen, nicht von El Nino betroffenen Jahren, ab.

Während eines El Nino Ereignisses dringt jedoch warmes Oberflächenwasser über den äquatorialen Gegenstrom aus dem westlichen in den östlichen Pazifik ein, so dass dort die SST auf 25-29°C ansteigt. Diese als Kelvinwellen bezeichnete großräumige Wellen beginnen etwa in den Monaten Mai-Oktober das kältere Wasser des östlichen Pazifiks zu erwärmen, sodass es dann etwa zu der Weihnachtszeit im Dezember die peruanische Küste erreicht[6] und dort zu Extremereignissen führt.

2.2 Southern Oscillation

Die Southern Oscillation (SO) bezeichnet eine von Gilbert Walker entdeckte Luftdruckanomalie, die die Umkehrung der normalerweise vorherrschenden Luftdruckverhältnisse im südlichen pazifischen Raum beschreibt.[7] Die normalen Luftdruckverhältnisse sind in Abbildung 1 dargestellt.

---

[3] Vgl. *Strahler*, Alan und Arthur N.: „Physische Geographie"; S.116

[4] Temperatursprengschicht zwischen dem kalten Tiefenwasser und der wärmeren oberen Wasserschicht

[5] Vgl. *Caviedes*, Cesar N. : "El Nino" Klima macht Geschichte ; S. 11

[6] Ebd. S. 12

[7] Vgl. *Strahler*, Alan und Arthur N.: S.174

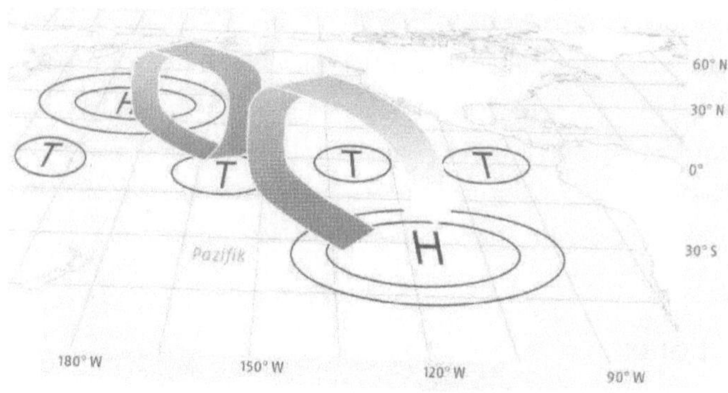

Abb.1 Walkersche Zirkulation (Quelle: Bader: El Nino. Das Jahrhundertereignis)

Dabei bilden die beiden Hochdruckgebiete eines über der Osterinsel und eines über Hawaii den Rahmen für die Passatwinde, die in Richtung der Innertropischen Konvergenzzone (ITZ) als Ostwinde wehen (Äquatoriale Ostwinde). Das ausgeprägte Tiefdruckgebiet im indonesisch-australischen Raum ist eine weitere wichtige Komponente der SO.

Walkers Beobachtungen haben ergeben, dass sich die oben beschriebenen Verhältnisse in bestimmten Zeitintervallen ändern. Das Hoch über der Osterinsel verliert an Intensität was zu einer starken Abschwächung oder dem Aussetzen der Süd-Ost Passate führt. Die äquatorialen Ostwinde werden zu Westwinden.[8] Gleichzeitig verwandelt sich das süd-asiatische Tief in ein Hochdruckgebiet.[9]

Der SO-Index zeigt die Intensität der SO an, indem er die Korrelationswerte der beiden Luftdruckmessstationen in Darwin und Tahiti vergleicht. Sind die Werte stark im negativen Bereich, so ist dies ein Anzeichen für ein kommendes El Nino Ereignis.[10]

2.3 Regionale Auswirkungen

Zu den direkten regionalen Auswirkungen rund um den südlichen und äquatorialen Pazifik zählen[11]:

1. starke Regenfälle an der Küste von Chile, Peru und Kolumbien

2. Dürre in Nord-Australien und auf den Philippinen

3. strenge Winter

---

[8] *Caviedes*, Cesar N.: S. 12

[9] *Strahler*, Alan und Arthur N.: S.174

[10] *Caviedes*, Cesar N.: S. 12

[11] ebd. S.21

4. Meereserwärmung im östlichen Pazifik, dadurch Fischsterben

Diese klimatischen und ozeanischen Folgen für die Umwelt haben sowohl einen großen Einfluss auf die Wirtschaft eines Landes als auch auf die Bevölkerung, die unter den Naturkatastrophen zu leiden hat. Jedoch wurden diese regionalen Auswirkungen lange Zeit nicht im globalen Zusammenhang betrachtet und man hat daher die Fernwirkungen des ENSO unterschätzt. Deshalb sollen diese in dem Folgenden näher betrachtet werden.

3 Telekonnektionen

In der ENSO-Forschung existieren mehrere Begriffsbestimmungen für Telekonnektionen. An dieser Stelle werden drei Definitionen dargelegt, um nachfolgend ihre Kernpunkte als Ansatz für die weiteren Ausführungen zu Hilfe zu nehmen.

Als Telekonnektionen werden die Fernauswirkungen des ENSO-Phänomens bezeichnet, die im globalen Maßstab klimatische Veränderungen zur Folge haben. Damit ist die Beziehung zwischen den Schwankungen der globalen Zirkulation, den Temperaturen, dem Niederschlag und den Zyklonen in den tropischen und außertropischen Regionen gemeint. (Caviedes[12])

Telekonnektionen sind klimatische Verbindungen zwischen Anomalien an verschiedenen, räumlich getrennten Orten. Der Einfluss einer Anomalie des einen Ortes auf die klimatischen Bedingungen des anderen Ortes kann von ganz unterschiedlichen Einflüssen abhängen: Von der Dauer der Anomalie, ihrer Intensität, der Jahreszeit und von der räumlichen Entfernung zwischen der Anomalie und dem beeinflussten Ort. (Glantz[13])

Telekonnektionen werden als periodisch wiederkehrende, beständige, großmassstäbige Muster von Druckanomalien und Variabilitäten in der globalen atmosphärischen Zirkulation definiert. Diese Veränderungen sind verschiedener Dauer, von einigen Wochen bis zu einigen Jahren und betreffen zuweilen ganze Ozeane und Kontinente. (NOAA[14])

Es lässt sich also festhalten, dass Telekonnektionen allgemein *abnorme Veränderungen* im Luftdrucksystem und im räumlichen Verteilungsmuster der Lufttemperatur in Bodennähe

---

[12] *Caviedes*: S. 14

[13] *Glantz:* S.133

[14] http://www.cpc.ncep.noaa.gov/data/teledoc/teleintro.shtml

sind, die *ungewöhnliche Wetterverhältnisse* zur Folge haben und räumlich *große Ausmaße* erreichen.

Aufgrund der vielfältigen denkbaren Auswirkungen werden viele Wetteranomalien z.B. besonders strenge Winter in Europa gleich mit El Nino in Verbindung gebracht. Welche Gebiete/Länder der Erde durch solche Telekonnektionen des ENSO beeinflusst werden, soll in 3.1 dargestellt werden. Ob auch das europäische Wettergeschehen ebenso stark durch das ENSO Phänomen beeinflusst wird, wie es die subtropischen und tropischen Regionen der Erde nachweislich sind, soll in 3.2 unter dem Stichwort der Nord-Atlantischen Oszillation näher beleuchtet und diskutiert werden.

3.1 Subsysteme der Telekonnektionen

In diesem Abschnitt werden nun die wichtigsten globalen Telekonnektionen und ihre Beziehung zu einander vorgestellt. *Caviedes* zieht sieben Schaltkreise in Betracht, die eine Telekonnektion zu ENSO bilden (könnten).

1. Pazifisch-Nordamerikanische (PNA)
2. Südostasien-Oszillation (SEO)
3. Arktische Oszillation (AO)
4. Nord-Atlantische Oszillation (NAO)
5. West-Pazifische Telekonnektion (WP)
6. Pazifisch-Süd-Amerikanische Telekonnektion (PSA)
7. Südliche Oszillation (SO)

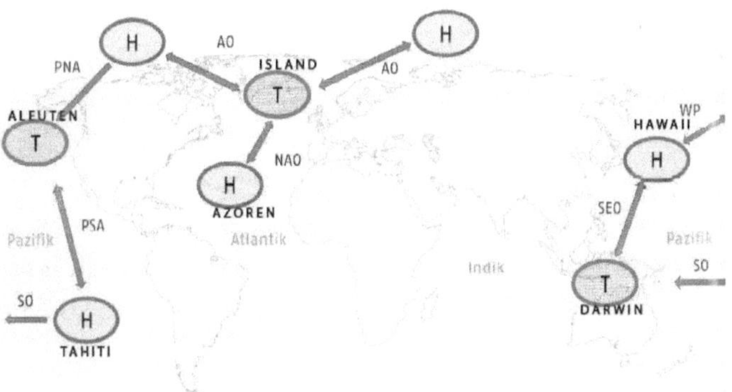

Abb.3: Schaltkreise der Telekonnektionen (Quelle: *Caviedes*: S.16)

Da sich die Luftmassen immer von Hoch zum Tief bewegen, um den Druckunterschied auszugleichen, tragen unterschiedliche Hochdruckgebiete gleichzeitig zu einem Druckausgleich bei. (siehe Abbildung 3)

Ausgehend von dem Tahiti-Hoch (in der Abb. 3 links unten) folgt das Aleutentief, das kanadische Hoch, das Islandtief, das Azorenhoch, das polare Hoch, das Indonesien Tief und das Hawaii Hoch. Alle diese Luftdrucksysteme unterliegen auch eigenen Schwankungen, die auch von ENSO unabhängig ablaufen können. Deshalb kann in den meisten Fallen keine einseitige Erklärung für Klimaanomalien gegeben werden. Jedoch wird auf Grund statistischer Messreihen und langjähriger Beobachtungen davon ausgegangen, dass ENSO vielerorts einen nachweisbaren Einfluss auf das globale Wettergeschehen hat.

Der Westen Südamerikas wird während eines El Nino von sintflutartigen Niederschlägen heimgesucht, der Osten dagegen wird, auf Grund der Verschiebung der Walkerschen Zirkulation, von Dürren geplagt. Die absinkenden Luftmassen erzeugen über dem nordöstlichen Südamerika starke und trockene Ostwinde, die vor den Anden einerseits nach Norden und nach Süden als der Subtropen Jetstream abgelenkt werden. Der Subtropen Jetstream drängt die Südatlantische Konvergenzzone (SACZ), die neben der Innertropischen Konvergenz über dem Amazonasgebiet zweite wichtige Niederschlagszone in Südamerika, weiter nach Süden und verschiebt damit entsprechend die Niederschlagsgebiete in die La-Plata-Region. Die Verschiebung der Jetstreams (siehe Abb. 4) als Folge einer Erwärmung des östlichen Pazifik hat einen wichtigen Effekt auf den Verlauf und die Stärke tropischer Wirbelstürme. Von *Caviedes* werden Jetstreams als „das Förderband, das die Anregungen aus dem Pazifik in andere Regionen transportiert" bezeichnet.[15] Er bringt mit Feuchtigkeit angereicherte Luftmassen aus dem Osten in den Wintermonaten nach Peru, Ecuador, in die Karibik und nach Florida. Vor Nordmexiko und Hawaii entwickeln sich Hurrikans, was auch auf die erhöhten Wassertemperaturen zurückzuführen ist.[16] Die SO löst Veränderungen sowohl in östlicher als auch in nördlicher Richtung aus. So sind beide, die PNA und PSA Schaltkreise davon betroffen. Das Aleuten-Tief verstärkt sich, im Westen der USA entsteht ein Hoch und im Süd-Osten ein Tief. Diese positive Phase der PNA bringt milde Winter in Kanada und im Norden der USA sowie niedrigere Temperaturen und Niederschläge in Florida mit sich (siehe Abb.4). In den Sommermonaten sind die Auswirkungen des ENSO auf PNA marginal.

---

[15] Vgl. Caviedes: S.18

[16] vgl. ebd. S. 19

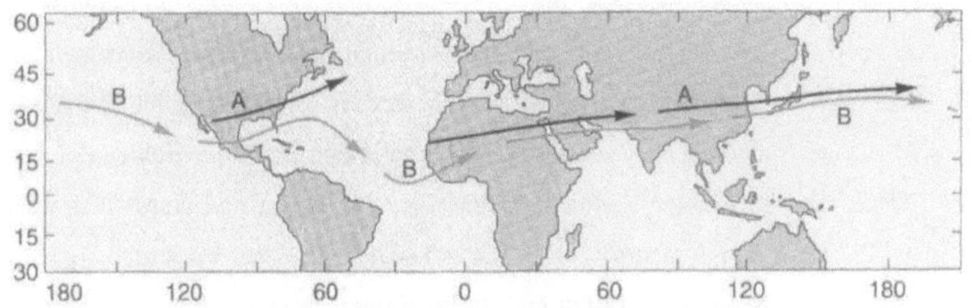

Abb. 4 Veränderter Verlauf des Jetstreams (Quelle: Strahler: S. 175)

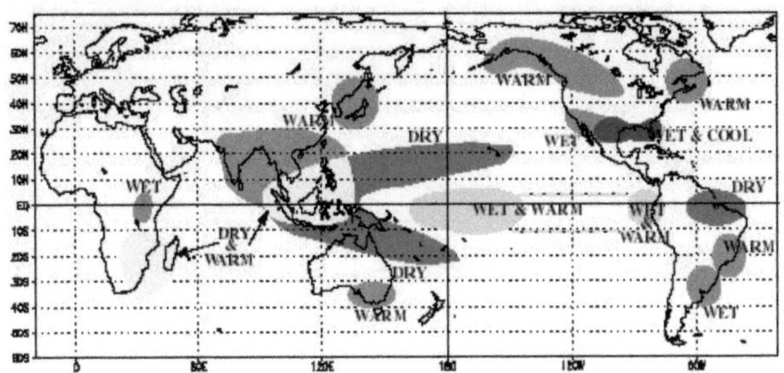

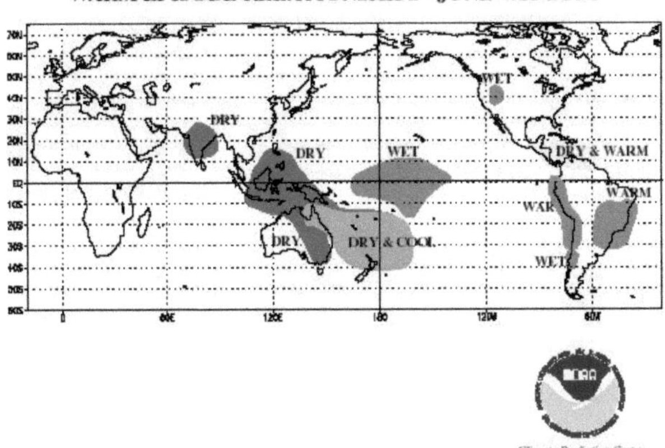

Abb.5: Auswirkungen von El Nino

(Quelle: http://www.cpc.noaa.gov/products/analysis_monitoring/ensocycle/elninosfc.shtml)

Wie auf der Abbildung 5 zu sehen ist, findet die stärkste Reaktion auf ein El Nino Ereignis im Indischen Ozean und Süd-Ost Asien statt. Die jahreszeitlich wechselnden Monsunwinde werden schwächer oder bleiben ganz aus. Das hat zur Folge, dass der Niederschlag bringende Sommermonsun, der aus Süd-West weht, ausbleibt und es in Indien zu Dürreperioden kommt. Auch die Süd-Ostasiatischen Länder Vietnam, Indonesien, Süd-China und Nord-Australien erleben in den El Nino-Jahren Dürren. Der Grund dafür ist die Verschiebung des Tiefdruckgebiets über Indonesien nach Osten und die Stationierung eines Hochdruckgebiets, in dem trockene Luft absteigt und kein Regen fällt. Außerdem wird im Nord-Sommer durch die Erwärmung des westlichen Indischen Ozeans der Temperaturgegensatz zwischen Ozean und Kontinent geschwächt, was zu einer Schwächung der Monsunbringenden Süd-West Passate führt.[17]

Der Einfluss des El Nino auf den indischen Monsun wurde zwar Jahrzehnte lang gemessen und beobachtet bis etwa ab den 80er Jahren der El Nino keine Auswirkungen auf die Monsunniederschläge mehr zeigte. Die jüngste wissenschaftliche Erklärung bietet die Theorie der Indian Ocean Dipole (IOD). Diese ist eine ENSO ähnliche ozeanisch-atmosphärische Schaukel wobei sich der Indische Ozean während seiner positiven/negativen Phasen erwärmt/abkühlt. Der IOD bewirkt eine Abschwächung bzw. eine Verstärkung des ENSO-Effekts auf die monsunalen Winde.[18]

Die starke Erwärmung des West-Indiks an der Ost-Küste Afrikas führt zu Starkniederschlägen im östlichen Äquatorialafrika (Uganda, Tanzania, Kenia). Jedoch zeigen die statistischen Daten, dass in den letzten 40 Jahren nur drei Wetteranomalien in dieser Region mit ENSO zusammenfallen, fünf andere jedoch auf Normaljahre.[19] Dieses macht deutlich, dass die pauschale Verlinkung des El Nino mit den Auswirkungen in anderen Teilen der Erde nicht immer zutrifft.

3.2 Nord-Atlantische Oszillation

Die Nord-Atlantische Oszillation (NAO) bildet eine Analogie zur SO. Es ist das Luftdruckgegenpaar des Azorenhochs und des Islandtiefs. Die Differenz der Luftdruckwerte ergibt den Nordatlantischen Oszillations-Index (NAOI).[20] Ein stark positiver Index deutet auf

---

[17] Hamburger Bildungsserver

[18] ebd.

[19] Ebd.

[20] Vgl. *Caviedes*, Cesar N.: S. 113

eine starke Ausprägung beider Luftdruckgebiete und geht einher mit kräftigen Westwinden in den mittleren Breiten (und Verstärkung der Passate in den Tropen), ein negativer NAOI hat abgeschwächte Westwinde (und Passatwinde) zur Folge.[21]

Die starken Westwinde in der positiven Phase der NAO nehmen viel Feuchtigkeit über dem warmen Golfstrom auf und bringen sie nach Europa. Ein positiver NAOI hat also besonders stürmische, milde und feuchte Winter zur Folge, da die NAO insbesondere im Winter am stärksten ausgeprägt ist.

Ein negativer Index bedeutet dagegen, dass die abgeschwächten Westwinde wenig feuchte und milde Luft mit sich bringen und dagegen polare Luftmassen aus dem Norden oder Osten nach Europa vordringen und dieses im Norden zu kalten Wintern kommt, im Süden dagegen zu mehr Niederschlag und Stürmen.

Die NAO steht offensichtlich unter dem Einfluss der ENSO, auch wenn die Wirkung nur schwach ist. Erklärt wird dieser Effekt durch den Einfluss des pazifischen Aleuten-Tiefs über das Polar-Hoch (Arktische Oszillation) auf das atlantische Island-Tief.[22] Die Arktische Oszillation weist ebenfalls positive sowie negative Phasen auf, die Jahre andauern können. Die negative Phase der AO geht mit negativen Indizes der NAO einher, sodass wir kalte, trockene Luftmassen in Nordeuropa haben und umgekehrt.[23]

Der NAO-Index wird seit 1864 aufgezeichnet und es hat sich herausgestellt, dass auch hier positive und negative Serien auftreten. Seit den 70er Jahren dominieren seine positiven Werte, also seitdem ENSO häufiger und stärker geworden ist.[24] Forscher haben Großwetterlagen in Europa mit El Nino–Phasen korreliert. Dabei zeigte sich, dass in El Nino Jahren in Europa hauptsächlich zyklonale Großwetterlagen vorherrschten, was mit einer positiven NAO-Phase zusammenfällt. Die Antizyklonalen Wetterlagen korrelieren dagegen mit La Nina-Jahren.[25]

Da die Mittleren Breiten sich jedoch durch eine hohe Variabilität der Temperaturen und Niederschläge im Jahresverlauf auszeichnen[26] ist ein Zusammenhang mit dem El Nino Phänomen sehr schwer nachzuweisen.

---

[21] http://www.ifm-geomar.de/index.php?id=2694

[22] Hamburger Bildungsserver

[23] Caviedes : S.116

[24] Caviedes: S.114

[25] Ebd. S. 118

[26] http://www.mpimet.mpg

4 Historischer Rückblick

Das El Nino Phänomen ist keine Entdeckung des 20. Jahrhunderts. Bereits die spanischen Conquistadores berichteten über extreme Wetterereignisse in den von ihnen beherrschten Kolonien in Süd-Amerika. Es existieren ebenfalls Seefahrerberichte über die anomalen Meeresströmungen im tropischen und subtropischen Pazifik, die Schiffe schneller ans Ziel oder aber zurück zum Heimathafen brachten. Verschiedene Berichte aus den letzten 400 Jahren beinhalten versteckte oder eindeutige Hinweise auf vergangene ENSO Ereignisse.

Im folgenden Kapitel sollen einige Aspekte dieser historischen Quellen beleuchtet werden. Zunächst erfolgt ein Überblick zu den wichtigsten vergangenen El Nino Ereignissen an der Süd-Amerikanischen Küste, die unmittelbar von den Folgen der Klimaanomalie betroffen war. Danach wird auf die Rolle, die El Nino bei der Besiedlung der südpazifischen Inseln gespielt hat, eingegangen.

4.1 Süd-Amerika

Zuverlässige klimatische Messdaten, die es ermöglichen eindeutige Hinweise auf vergangene El Nino Phänomene zu sammeln, gibt es erst seit 150 Jahren.[27] Deshalb muss man auf andere historische Quellen zurückgreifen, um mehr über die klimatischen Verhältnisse der „Neuen Welt" zu erfahren. Einer der ersten Beobachter war der Spanier Joseph de Acosta, der als Pater in Peru und Bolivien gearbeitet hat. Von ihm stammen die ersten schriftlichen Berichte über den möglichen Zusammenhang der Temperaturschwankung des kalten Peru-Stroms und den starken Regenfällen und Überschwemmungen.[28] Auch die spanischen Kolonialarchive liefern gute „Wetterberichte", die für die zweite Hälfte des 16. Jahrhunderts periodisch wiederkehrende Starkniederschläge und Zerstörung von Straßen und Dörfern durch Schlammlavinen an der Westküste Süd-Amerikas dokumentieren. Zeitgleich wurde laut den Darstellungen portugiesischer Eroberer über Dürren in Brasilien berichtet.[29] Diese Übereinstimmungen für die Jahre 1532, 1552, 1578 und 1591 könnten auf mögliche El Nino Jahre hinweisen.[30]

Der berühmte Biologe und Geograph Alexander von Humboldt hat Süd-Amerika mehrmals bereist und ebenfalls seine Beobachtungen schriftlich niedergelegt und sogar genaue

---

[27] Caviedes: S.28

[28] Caviedes S.36

[29] ebd. S.32

[30] ebd. S 30

Messungen der Wassertemperaturen des nach ihm benannten Humboldt-Stroms durchgeführt. Zwar hat er überrascht festgestellt, dass das Wasser für diese Breiten ungewöhnlich kalt ist, die kalt-warm Veränderungen sind seinen Messungen (wahrscheinlich im Normaljahr) entgangen. Kontinuierliche Messreihen, die diese Veränderungen feststellten, gibt es erst seit 80 Jahren. Weitere historische Dokumente gibt es aus der Seefahrt. So berichteten Seefahrer im 18. und 19. Jahrhundert über ungewöhnliche Windverhältnisse im tropischen Pazifik. Die erwarteten Winde, die in Normaljahren von Ost nach West wehen, drehten um. So konnten Schiffe, die aus Süd-Ost Asien nach Südamerika unterwegs waren ihr Ziel mit Rückenwind viel schneller erreichen.[31] Im ausgehenden 19. Jahrhundert gibt es vermehrt Reiseberichte von Naturforschern, die diesen Teil der Erde mehr und mehr ins Visier nahmen und dadurch zu wertvollen El Nino Berichten verholfen haben. 1893 taucht zum ersten Mal in einem Bericht von Carranza über die Erwärmung des Humboldt-Stroms der Begriff El Nino auf, den die peruanischen Fischer dafür verwendeten. Noch im 19. Jahrhundert war der Fischreichtum der peruanischen Gewässer nur indirekt an der Wirtschaft des Landes beteiligt. Die Kormorane, die sich von Fisch ernähren, lieferten das eigentliche Produkt nämlich den Guano, der als Dünger für die Landwirtschaft genutzt wurde. Die Fischindustrie in Peru entwickelte sich erst in der zweiten Hälfte des 20. Jahrhunderts, als der Boom im Bergbau und in der Landwirtschaft, vorbei waren. Der Fischfang wurde angetrieben durch die Nachfrage nach Fischmehl, als Tierfutter in der Viehwirtschaft. Fabriken wurden direkt an der Küste errichtet und die großen Fischpopulationen wurden rücksichtslos ausgebeutet. Der El Nino 1972 ließ jedoch die Fischindustrie zusammenbrechen. Die viel zu warmen Wassertemperaturen wirkten sich negativ auf den Nährstoffgehalt des Wassers und somit auf den Fischreichtum aus.[32]

El Nino war in der Vergangenheit und bleibt auch in der Zukunft ein wesentlicher Umweltfaktor, der erheblichen Einfluss auf die gesamte Volkswirtschaft in den süd-amerikanischen Ländern hat.

---

[31] ebd. S. 36

[32] Caviedes : S. 34

4.2   Besiedlung der Südsee Inseln

Die südpazifischen Inseln[33] liegen räumlich weit voneinander zerstreut im südlichen tropischen Pazifik zwischen den Meridianen 180° und ca. 145° West. Die Inseln sind vulkanischen Ursprungs und oft Atolle. Ihre Besiedlung durch die Malaien[34] begann von Westen nach Osten vor etwa 5 000 Jahren (3000 v. Chr.). Diese ersten Polynesier waren sehr gute Seefahrer, die in ihren einfachen Kanus Tausende Kilometer zurücklegten. Die Geschichte der frühen Kolonisation dieser entlegenen Inseln lässt die Frage aufkommen, wie es die anscheinend primitiven Schiffe geschafft haben so weite Strecken zurückzulegen, zumal die in diesen Breiten beständig wehende Ostwinde und der Süd-Ost Passat vorherrschen und starke Gegenwinde und Meeresströmungen ein großes Hindernis für die Seefahrt darstellen.

Die einzig schlüssige Erklärung ist die zeitweilige Umkehr der Wind- und Strömungsverhältnisse, so wie es auch beim ENSO der Fall ist. Dabei ändern die aus dem Osten wehenden Winde ihre Richtung und kommen aus dem Westen. So hatten die Polynesier Rückenwind und konnten Strecken von 650 Seemeilen (Samoa-Tahiti ca. 900km) in nur neun Tagen zurücklegen[35]. Jedoch waren die Windverhältnisse nicht zu jeder Jahreszeit eines El Nino Jahres günstig. Die Unterbrechung der Ostwinde fand vor allem Anfang des Sommers statt, während sich im Winter die Lage wieder normalisierte. Diese grundlegenden Veränderungen der Winde waren aber nicht die einzige Navigationshilfe der polynesischen Seefahrer. Sie beobachteten z.B. den Seetang, der sich meist in der Nähe der Küste zeigte oder die Wellenmuster, die auch auf die Lage einer nah gelegenen Insel hindeuteten. So konnten sie die weit voneinander zerstreuten Inseln auffinden und diese besiedeln. Auch die Anhäufung der Wolken, die sich an den vulkanischen Kegeln stauten, deutete ebenfalls auf das Vorhandensein einer Insel, ihre Größe und Gestalt. Heute zählen Koralleninseln zu den touristischen Traumzielen, damals waren diese Atolle weniger von Bedeutung, da diese niedrig gelegenen Inseln keine Anbauflächen und eine sehr geringe Pflanzendiversität baten und deshalb für eine Besiedlung weniger attraktiv waren als die vulkanischen Inseln. Die Hauptinseln der Inselketten von Tahiti, Samoa oder Fidschi hingegen ragen über 1000 Meter über dem Meeresspiegel heraus. Die Böden sind dort sehr fruchtbar und können für den Anbau vielseitig genutzt werden.[36]

---

[33] Tonga, Samoa, Fidschi, Cook-Inseln

[34] dazu zählen die Filipinos, Indonesier, Malaien

[35] Nachgewiesen im Experiment von *Ben Finney* 1986 während eines schwachen El Nino

[36] Caviedes: S.139-141

Die Besiedlung bzw. Kolonisation der süd-pazifischen Inseln endete schließlich mit der Entdeckung der Osterinsel. Sie ist die abseitigste Insel des tropischen Pazifiks und liegt 2 800km von der süd-amerikanischen Küste entfernt und die nächstgelegene Insel befindet sich 1600 km östlich. Sie wurde ebenfalls durch die Polynesier kolonisiert, was durch die Verwandtschaft der dort gesprochenen Dialekte sowie DNA-Analysen bewiesen ist und eine Besiedlung von Süd-Amerika aus ausschließt. Die Osterinsel konnte ebenfalls wie die übrigen polynesischen Inseln nur mit Hilfe der Westwinde erreicht werden, die nur in einem El Nino Jahr wehen. Hinweise auf den Zeitpunkt der ersten Ankunft der Menschen liefern die mündlichen Überlieferungen von Eingeborenen. So kamen die ersten Menschen etwa im 5. Jahrhundert um die Monate April-Juni auf die Insel. Gerade zu dieser Jahreszeit beginnt die Umkehrung der Winde und auch die Wassertemperaturen steigen langsam an. In den Sagen der Polynesier über ihre Entdeckungsreisen taucht immer wieder symbolisch die Schildkröte auf. Seeschildkröten werden aber im Ostpazifik nur beobachtet, wenn die Wassertemperaturen steigen.[37] Dieser Umstand könnte also ebenfalls ein Hinweis auf das Vorhandensein der El Nino Phänomens in der Vergangenheit sein. Die Reisen der Polynesier konnten nur unter der Voraussetzung stattfinden, dass eine Umkehr der Winde stattfand. Es waren demnach vergangene El Nino Ereignisse, die es ihnen erlaubten so weite Ziele mühelos mit Rückenwind zu erreichen und die Südsee zu kolonisieren.

5 Fazit

Die globalen Auswirkungen und die Vergangenheit des El Nino sind vielfältig. Die Schwankungen der Zirkulation im Pazifik wirken sich über Telekonnektionen auf allen Kontinenten aus, bringen den Einen übermäßige Niederschläge, den Anderen Trockenheit und Dürre. Der Normalzustand wird verändert und das hat gravierende Folgen für Länder und ihre Ökonomien. Der Einfluss von El Nino auf den europäischen Raum wirkt über die Nord-Atlantische Oszillation. Dabei zeigte sich, dass in El Nino Jahren in Europa hauptsächlich zyklonale Großwetterlagen vorherrschten, was mit einer positiven NAO-Phase zusammenfällt. Die Antizyklonalen Wetterlagen korrelieren dagegen mit La Nina-Jahren.

Auch in der Vergangenheit spielte El Nino eine nicht minderwertige Rolle insbesondere bei den Endeckungsreisen der Spanischen Eroberer auf dem süd-amerikanischen Kontinent sowie auch bei der Kolonisation der süd-pazifischen Inseln durch die Malaien. Verschiedene historische Quellen geben interessante Hinweise auf historische El Nino Ereignisse, ihre

---

[37] Caviedes: S 141-143

Dauer, Auswirkungen und Konsequenzen. So hat El Nino dazu beigetragen, die exotischen Südsee Inseln zu entdecken und sie zu besiedeln. *Caviedes* geht in seinen Theorien noch weiter. Er bringt die historischen Niederlagen Napoleons und der Deutschen im zweiten Weltkrieg gegen Russlands mit El Nino Ereignissen in Verbindung. Der Einfluss der Telekonnektionen soll, seiner Ansicht nach, möglicherweise diese beiden Winter besonders streng ausfallen lassen, sodass diese extremen Wetterbedingungen den beiden Armeen zum Verhängnis geworden seien. Der Verlauf der Geschichte könnte demnach möglicherweise maßgeblich von Umweltfaktoren beeinflusst werden. Jedoch sind solche Annahmen kritisch zu betrachten, da Telekonnektion auch eigenen Schwankungen unterliegen und auch hier noch für die Wissenschaft einige Fragen offen geblieben sind.

Zusammenfassend lässt sich sagen, dass die globalen Auswirkungen von ENSO nicht einfacherzu verstehen sind, als den Mechanismus von ENSO selbst und wird auch dadurch noch kompliziert, dass sie zusätzlich in Wechselwirkung mit anderen Antriebskräften des Wettergeschehens stehen wie dem Indian Ocean Dipole (IOD), den saisonalen Veränderungen der Nordatlantischen Oszillation (NAO) u.a. Hinzu kommt, dass ENSO-Folgen sogar in den letzten Jahrzehnten einem zeitlichen Wandel unterlagen, vielleicht in Verbindung mit dem anthropogenen Treibhauseffekt und/oder den sich verändernden Wechselwirkungen mit den genannten Schwankungen, so dass sich im Einzelfall eine direkte Wirkung nur sehr schwierig oder gar nicht ausmachen lässt. El-Niño Ereignisse erhöhen die Wahrscheinlichkeit für das Eintreten bestimmter Wetterlagen, erklären diese aber nicht allein.

Quellen

Literatur:

Bader, Stephan: El Nino. Das Jahrhundertereignis 1997/98; Meteoschweiz 1999.
(auf http://www.meteoschweiz.ch/web/de/klima/klima_weltweit/el_nino.html)
Caviedes, Cesar N.: El Nino. Klima macht Geschichte; Darmstadt 2005.
Glantz, Michael H.: Impacts of El Nino and La Nina on Climate and Society; Cambridge University Press 2001.
Strahler, Alan und Arthur N.: Physische Geographie; Stuttgart 2002.
Leser, Hartmut (Herausgeber): Wörterbuch Allgemeine Geographie; 2001.

Internet (letzter Zugriff 21.05.2007):
www.elnino.info/k1.php
http://www.enso.info/globaus.html
http://www.mpimet.mpg.de/presse/faqs/das-el-nino-southern-oscillation-enso-phaenomen/hat-el-nino-einen-einfluss-auf-das-klima-in-europa.html
http://lbs.hh.schule.de/welcome.phtml?unten=/klima/infothek.htm

BEI GRIN MACHT SICH IHR WISSEN BEZAHLT

- Wir veröffentlichen Ihre Hausarbeit, Bachelor- und Masterarbeit

- Ihr eigenes eBook und Buch - weltweit in allen wichtigen Shops

- Verdienen Sie an jedem Verkauf

Jetzt bei www.GRIN.com hochladen und kostenlos publizieren